बब्बड

सू सुटका आणि रंगीत डोंगर

राजीव तांबे

हे पुस्तक **माझं** आहे.

....

....

AF653504

मेहता पब्लिशिंग हाऊस

SU SUTKA ANI RANGIT DONGAR
by Rajiv Tambe

सू सुटका आणि रंगीत डोंगर / बालसाहित्य
राजीव तांबे

© मेहता पब्लिशिंग हाऊस

प्रकाशक : सुनील अनिल मेहता
मेहता पब्लिशिंग हाऊस, १९४१, सदाशिव पेठ, माडीवाले कॉलनी, पुणे ३०.
✆ ०२०-२४४७६९२४
E-mail : author@mehtapublishinghouse.com
Website : www.mehtapublishinghouse.com

मुद्रक : स्पेक्ट्रम ऑफसेट, एरंडवणा, पुणे ०४.

प्रथमावृत्ती : मार्च, २००९
द्वितीयावृत्ती : जुलै, २०१५
पुनर्मुद्रण : नोव्हेंबर, २०२०

मुखपृष्ठ व आतील चित्रे : पुंडलिक वझे

चार पुस्तकांचा संच

अनुक्रम

सू सुटका

अं....अं....मला माझ्या आयुष्यातला, अगदी पहिला दिवस सुद्धा आठवतोय. खर्ऽऽच!!

अहो तुम्हाला खोटंच वाटणार.

कारण तुमचं आयुष्य वर्षांचं आणि माझं आयुष्य दिवसांचं!

अजून मी माझं घरसुद्धा पाहिलेलं नाही! माझं नकटं नाक अजून मी आरशात पाहिलेलं नाही!! मला कळतंय तेव्हापासून आम्ही सर्व बाळं इथेच राहतो. इथे म्हणजे ह्या हॉस्पिटलमधे!

म्हणजे कळलं ना, मी किती लहान आहे ते?

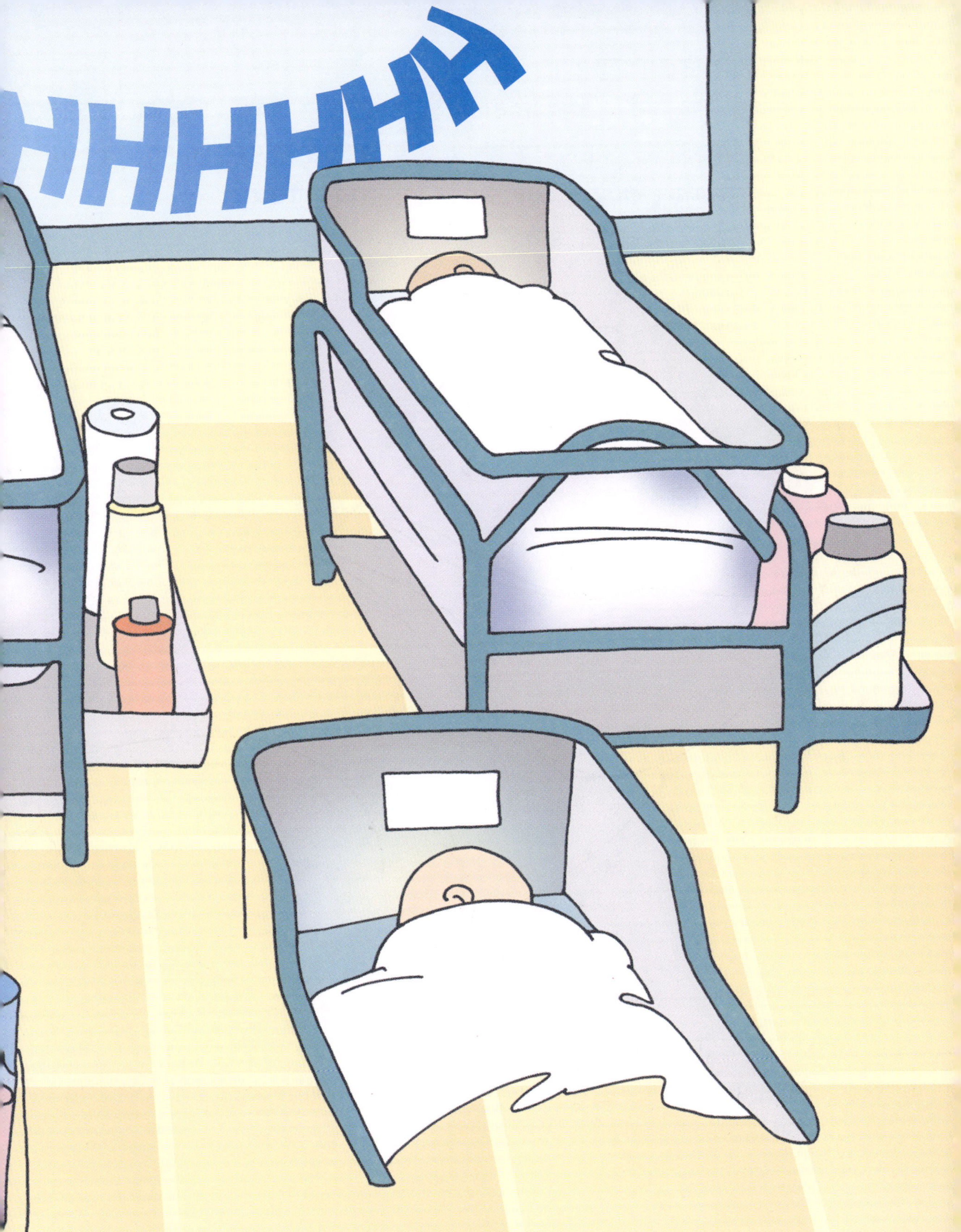
HHHHHH

तर ही ह्या हॉस्पिटलमधली गोष्ट.

मला सारखं वाटायचं, ‘आपण आपल्या आईजवळ जावं. आईच्या कुशीत झोपावं. डोळे मिचकावत, हात-पाय हलवत. गुर्र फुर्र करत आईशी बोलावं. मग आपल्याला आईनं मस्त थोपटावं. आपल्याला आंजारावं, गोंजारावं.’

पण कसचं काय? नि कसचं काय?

आम्हा सगळ्या लहान मुलांना, एका खोलीत कोंडून ठेवायचे. आणि आम्ही एखाद वेळेस पळून जाऊ, म्हणून की काय आमचे हात-पाय बांधून ठेवायचे. म्हणजे एका मोठ्या फडक्यात आम्हाला जाम गुंडाळून ठेवायचे.

आणि... आणि...

आमच्या आयांना मात्र, मस्त हॉलमधे ठेवलेलं. आणि ते पण एकदम मोकळं मोकळं!!

मधेच कधीतरी, पांढरे कपडे घातलेली, एक बाई यायची. मग आमची तुरुंगातून सुटका व्हायची.

एकदा मी आईजवळच्या पाळण्यात होते. खेळत होते. चांगली सुखात होते. इतक्यात कुणीतरी म्हणालं, ''नर्स आली. नर्स आली.''

मी मान वळवून पाहिलं तर तीच ती! पांढऱ्या कपड्यातली बाई!! मी भिऊन डोळेच बंद केले.

तर नर्स म्हणाली, ''अगं बाई, झोपली वाटतं छकुली?''

आणि नर्सनं मला उचललं आणि खोलीत नेऊन डांबून ठेवलं!

मी तिला घाबरले म्हणून तिनं मला उचललं!

तेव्हापासून मी ठरवूनच टाकलं आई जवळ असताना ही नर्स बया पांढऱ्याच काय पण काळ्या कपड्यांत आली तरी हिला घाबरायचं नाही! आणि डोळे तर अजिबात बंद करायचे नाहीत.

खरं सांगते, कालचा दिवस तर, मी माझ्या 'आडव्या आयुष्यात' कधीच विसरणार नाही!

हसू नका! अहो, जोपर्यंत मी स्वत:हून उभी राहात नाही, तोपर्यंत माझं आयुष्य आडवंच नाही का?

हं, तर काय सांगत होते, कालचा दिवस.

काल माझा 'सुनिल गावस्कर'च होणार होता. पण थोडक्यात वाचले!

अँ? असं तोंड उघडं टाकून माझ्याकडे पाहताय काय? सुनिलच्या आईनं लिहिलेलं, 'पुत्र व्हावा ऐसा' हे पुस्तक तुम्ही वाचलं नाही

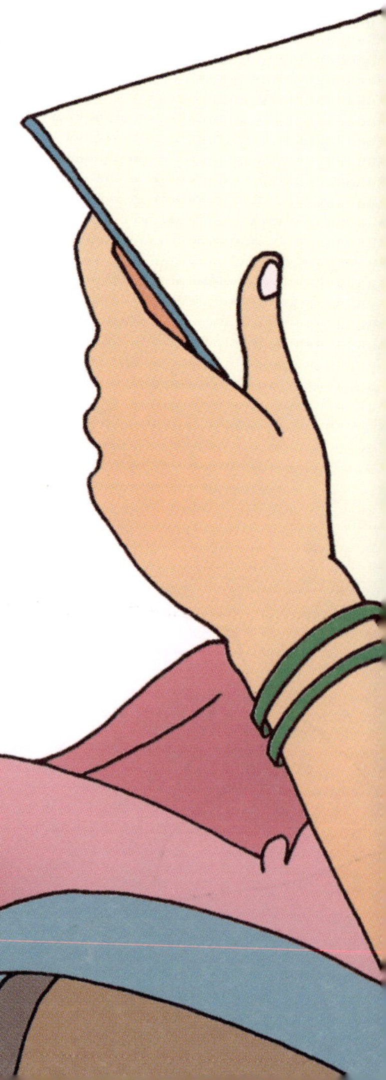

प्रेम व्हावा ऐसा !!

वाटतं?....हं! तरीच. तरीच असे मोठे डोळे करून माझ्याकडे पाहताय! तुम्हाला काय वाटलं मला काय माहीत नाही?

अहो मी आईच्या पोटात होते नां, तेव्हा आईनं वाचलं, मी ते ऐकलं!

काऽऽय? आता तरी ट्यूब पेटली की नाय?

थांबा हं. तुम्हाला नीट सांगते काय-काय झालं ते.

दुपार संपत आली होती. संध्याकाळ सुरू व्हायची होती. आमच्या झोपा-बिपा झाल्या होत्या. हात-पाय जाम आखडले होते. आम्ही पाच जण गुर्र गुर्र, खिंची खिंची खुर्र करत, आनंदानं फुर्र फुर्र थुंकी उडवत होतो. आम्ही सर्व दूध प्यायची वाट पाहत होतो.

इतक्यात ती नर्स आली. आमच्याकडे निरखून पाहू लागली.

आम्हाला आनंद झाला! आम्ही पाचही जणांनी एकमेकांकडे पाहिलं. 'कोण जाणार पहिल्यांदा आईकडे? तू का मी? मी का तू?' आम्ही एकमेकांना डोळे मिचकावत विचारू लागलो. चुळबुळ करू लागलो. लाथा मारून बांधलेला कपडा सैल करू लागलो.

काय आश्चर्य!

पांढरी नर्स माझ्याच समोर येऊन उभी राहिली! तिनं माझ्या डोक्यावरून हात फिरवला. मला खूप खूप आनंद झाला.

मी दुपट्यातल्या दुपट्यात पाय झाडले. थुर्र फूर्र करून थुंकीचे बुडबुडे काढले! इतरांकडे पाहून, "मी जिंकलेऽऽऽ रे, मी जिंकले!" असं ओरडले!!

पण... पण... हा माझा आनंद जास्त वेळ टिकला नाही. कारण, पांढरी नर्स माझ्याकडे पाहत म्हणाली, "अगं बाई! हे बाळ, पाच नंबरचं? की नऊ नंबरचं? काही कळतच नाही बाई? सगळी बाळं, बाई अगदी सारखीच दिसतात! कम्माल झाली बाई!!"

हे ऐकल्यावर तर मी जामच घाबरले. भीतीनं पाय थरथरले! डोळे गरगरले! हातांच्या मुठी वळत मी जोरात ओरडले, "नऊ-नऊ! अहो, माझ्या आईच्या कॉटचा नंबर नऊ आहे!

मी आहे नऊ नऊ, माझे गाल मऊ मऊ!!"

पण, ‘लहान मुलांचं ऐकावं, हे मोठ्या माणसांना कधी समजणार, हे आईच जाणे!’

कारण त्याच वेळी, पाच नंबरच्या आईचं बाळ पण जोरात ओरडायला लागलं. ते म्हणालं, “माझा नंबर पाच-पाच. दुपट्यामधे करतो नाच!”

मला हवी माझी आई. त्याला हवी त्याची आई. आणि नर्सला कळेना कुणाची कुठली आई? कपड्यांसारखाच, नर्सचा चेहराही पांढरा-फट्ट झाला!

नर्सनं मला उचललं आणि पाच नंबरच्या पाळण्यात नेऊन ठेवलं. पाच नंबरच्या आईनं मला लगेचच मांडीवर घेतलं. एक पाय उडवत थोपटलं. प्रेमानं आंजारलं-गोंजारलं.

(आठवलं ना, लहानपणी हॉस्पिटलमधे, सुनिल गावस्करची आणि दुसऱ्या एका मुलाची अदलाबदल झाली होती. पण मामानं तेव्हाच ओळखलं आणि सुनिलला आपल्या आईकडे परत आणलं.)

त्या पाच नंबरच्या आईनं मला मांडीवर घेताच, मी जाम जाम घाबरले! मला वाटलं आता माझा ‘सुनिल होणार.’

माझे हात-पाय गारठले. घशाला कोरड पडली. तोंडातली थुंकी सुकली. पोटात खड्डा पडला. मी कसेबसे डोळे मिचकावले. आणि...

आणि.. मला सू झाली. दुपटं ओलं गार झालं.

मी आतून बाहेरून पाऽऽर गारठून गेले.

ती अनोळखी आई जोरात ओरडली, “नऽऽऽऽऽर्स, दुपटं बदला ताबडतोब.”

धावत-पळत नर्स आली. नवीन दुपटं घेऊन आली.

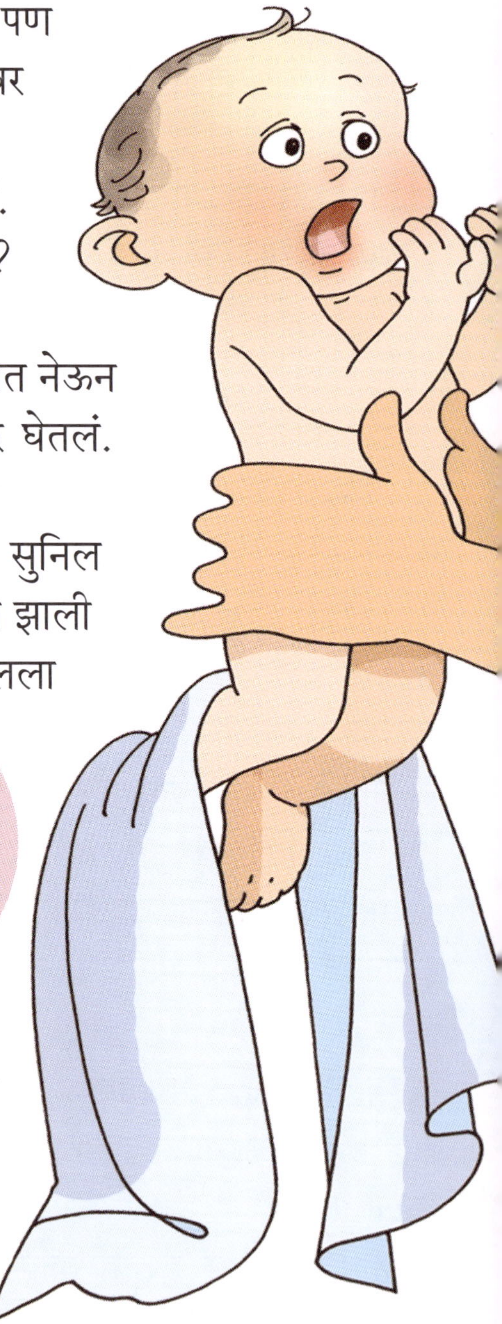

नर्सनं ओलं दुपटं सोडलं. आणि.... आणि...

ती अनोळखी आई माझ्याकडे पाहून एव्हढ्या मोठ्यानं ओरडली की, मी दचकून आडव्या-आडव्याच घसरले!

ती अनोळखी आई रागानं नर्सकडे पाहत म्हणाली, ''काय ग, ही तर बब्बड आहे!! माझा लाडोबा कुठे गेला? जा आधी माझा मुलगा घेऊन ये.''

नर्स लगाबगा जाऊन त्यांचा लाडोबा घेऊन आली.

त्या अनोळखी आईनं, प्रेमानं माझा पापा घेतला. माझ्या डोक्यावरून हात फिरवला. मला अलगद उचलून, माझ्या आईकडे घेऊन गेली.

आता कळलं ना, मी कालचा दिवस माझ्या 'आडव्या आयुष्यात' का विसरणार नाही ते!!

(अहो, मला वेळीच 'सू' झाली, म्हणून माझी 'सुटका' झाली!!)

आई माझी वाटच पाहत होती. आईनं मला जवळ घेतलं, आंजारलं-गोंजारलं, प्रेमानं थोपटलं, तेव्हा कुठे माझा जीव भांड्यात पडला. मी आईच्या कुशीत शिरले आणि डोळे गच्च बंद केले. मला हवा होता आईचा उबदार स्पर्श आणि आईचाच मऊ-मऊ वास!!

ती अनोळखी आईसुद्धा प्रेमळ होती.

आपल्या मुलासारखंच तिनं मला जवळ घेतलं होतं. पण त्या दिवशी मला एक गोष्ट समजली,

‘सर्व-सर्व आयांचं, सर्व-सर्व मुलांवर खूप-खूप प्रेम असतं, पण तरीही सर्व-सर्व मुलांना आपलीच आई हवी असते!!’ हो किनई?

रंगीत डोंगर

हॉस्पिटलमधे असताना, संध्याकाळी मला अगदी कंटाळा यायचा. संध्याकाळी आईला भेटायला चित्र-विचित्र मंडळी यायची. दाढीवाली, टकलू किंवा केसाळ माणसं. पँट घालणारी, हाफ पँट घालणारी किंवा लुंगी गुंडाळणारी माणसं. साड्या, झॅकपॅक ड्रेस किंवा कंबरेला स्कर्ट अडकवलेल्या मुली. आणि ह्या सगळ्यांची अखंड बडबड!!

हां, त्यांच्या सोबत त्यांची मुलं पण यायची. पण ती आपल्या आई-वडिलांसारखी झक्कड नव्हती!!

ती यायची, एक मिनिटात मला पाहायची आणि मग अख्ख्या हॉस्पिटलभर हुंदडत राहायची! हॉस्पिटलमधेच पकडापकडी, लपाछपी खेळायची. मस्त मजा करायची!

पण ही मोठी माणसं, आपल्या मुलांसारखं अजिबात खेळा-बिळायची नाहीत! नुसती उभी असायची!! मग नाईलाजानं, आई मला पाळण्यात ठेवायची.

त्या क्षणी ते बडबडे आणि बडबड्या माझ्या आईचा ताबा घ्यायचे.

आणि मग सुरू व्हायची त्यांची 'बडबड फास्ट ट्रेन.'

मला वाटायचं की आईनं मला मांडीवर घ्यावं, माझ्याशी बोलावं, माझ्याशी गप्पा माराव्यात.' पण भेटायला येणारी माणसं इतकी दुष्ट असत की, ती आईला माझ्याशी बोलूच देत नसत! आल्या-आल्या त्यांचीच बडबड सुरू.

आणि... आणि... खरं सांगते म्हणून रागावू नका, पण, भेटायला येणाऱ्यांपैकी निम्मेजण तरी वेडपट असतात असं माझं ठाम मत आहे.

अहो, लहान मुलांना कुठले प्रश्न विचारायचे, हे शिकल्या-सवरलेल्या मोठ्या माणसांना कळलं पाहिजे किनई? लहान मुलांना काय सांगायचं, हे त्या शहाण्या माणसांना समजलं पाहिजे किनई? पण त्यांना हे काऽऽही सुद्धा समजत नाही.

म्हणजे, चष्मेवाल्या, दाढीवाल्या किंवा मिशाळजी, टकलूकाकांना तर समजत नाहीच. तसंच, ओठ आणि नखं रंगवणाऱ्या, केस रंगवणाऱ्या आणि ड्रेस घालणाऱ्या मावश्यांना पण समजत नाही. खरंच समजत नाही त्यांना!! तुमचा विश्वास बसत नाही का?

मग, हा पहा परवाच संध्याकाळचा प्रसंग.

मी दूध पिऊन आईच्या जवळ मस्त लोळत होते. आई मला एका हातानं थोपटत होती. माझे दोन्ही डोळे जड झाले होते. इतक्यात, आईच्या ऑफिसमधली एक 'भडक मावशी' आली. एकदम माझ्या जवळच उभी राहिली! मी किती जोरात दचकले!! माझी बोलतीच बंद झाली!

भडक मावशी म्हणजे, भडक रंगीत कपडे, रंगीत ओठ, रंगीत नखं, डोळ्यांवर रंगीत चष्मा. शिवाय गालावर आणि नाकावर भडक मेकअप!

मी क्षणभर भिऊन पाहातच राहिले! तिच्या केसांवर, ओठांवर, नखांवर, गालांवर, नाकावर, कानांवर, हातांवर आणि पायांवर मिळून वेगवेगळे बारा-पंधरा तरी रंग होते! आणि तिच्या ड्रेसवर तर जग्गातले सर्वच रंग होते!!

'चित्रविचित्र रंगांचा एक डोंगरच पाहतेय' असं वाटलं मला.

भडक मावशी माझ्याकडे पाहत म्हणाली, ''अय्या! कशी बघतेय बघ माझ्याकडे! मला ओळखलं वाटतं बब्बडनं? सांग सांग बब्बड, मी कोण आहे बरं?''

आता मला सांगा, नुसतं बघितलं म्हणजे काही ओळखलं असं नव्हे. आणि म्हणे 'माझं नाव सांगा.' मोठ्या माणसांना समजत नाही ते हे!

मी जर का म्हणाले असते, ''होऽऽऽ ओळखलं ग तुला! ह्या रंगीत डोंगराला 'भडक मावशी' म्हणतात! तर... तर... काऽऽऽय झालं असतं?...''

अहो, 'उंच टाचांच्या चपला घातल्या, म्हणजे काही उंची नाही वाढत!' अशी एक चिनी म्हण आहे म्हणे, ती काय उगाच?

पण, 'उगाच लहान तोंडी मोठा घोट घेऊ नये' म्हणून मी गप्प बसले.

आता अचानक हा रंगीत डोंगर बोबडं बोलू लागला, ''अले अले, मी तुला एक गंमत देनाले. मत्त-मत्त गंमत! मोती-मोती गंमत! तान-तान गंमत! ओलक पाऊ मी ताय आनलंय?''

ह्या बोबड्या डोंगरानं तर मला वातच आणला! तिच्या त्या बोबड्या बडबडीनं मी जाम पकून गेले!!

तिनं गंमत काय आणलीय, हे मी कसं काय ओळखणार? ह्या एवढ्या मोठ्या डोंगराला काहीच कसं समजत नाही?

नाही म्हणजे, रंगीत डोंगर प्रेमळ होता! मायाळू होता! पण त्याचाच मला त्रास होत होता.

इतक्यात त्या भडक मावशीनं पिशवीत हात घालून ती 'तान-तान, मत्त-मत्त, मोती-मोती गंमत' बाहेर काढली! ती गंमत पाहताच माझे डोळेच फिरले!! ती गंमत माझ्यापेक्षा आकारानं आणि वजनानं पण मोठीच होती!! प्रचंड मोठी गंमत!!

मावशीनं पिशवीतून कापलेलं भलंमोठं, लालेलाल-हिरवंगार कलिंगड बाहेर काढलं!!

त्या रंगीत डोंगरावर, भलंमोठं लालेलाल कलिंगड पाहिल्यावर मला वाटलं, 'अगं बाई! ज्वालामुखी पेटला वाटतं!!'

पण माझ्या मनातलं आईला कळलंच! आई माझ्याकडे पाहून हसली. डोळ्यानं खुणावत मला म्हणाली, ''आगाऊपणा करू नकोस! कळलंय मला सगळं!'' मग

आम्ही दोघी खूप हसलो.

भडक मावशी गेली आणि लगेचच 'वासू- काका' आले.

म्हणजे, 'ते काका' खरंच चांगले होते. ते माझ्याशी खेळले. मला समजेल असं बोलले. त्यांनी तोंडं वेडीवाकडी केली. मोठ्ठं तोंड उघडून त्यांची भलीमोठी जीभ दाखवली. मला वेगवेगळे आवाज काढून दाखवले. मला बरं वाटलं. मला ते काका आवडू लागले!

काका खाली वाकले. त्यांनी हळूच मला उचललं. पण मी काही बोलले नाही. मला वाटलं आपल्याला आणखी काही गमती-जमती पाहायला मिळतील.

पण कसचं काय नी कसचं काय?

काकांनी मला उचललं आणि छातीजवळ धरलं... आणि ...आणि मी घुसमटले! मला श्वास घेता येईना! मला चक्कर येऊ लागली... डोळ्यासमोर हॉस्पिटल फिरतंय असं वाटू लागलं!

मी 'आऽऽऽऽई....आऽऽऽऽई...' असं ओरडणार होते, पण तोंडातून शब्दच फुटेना!

कारण... कारण... त्या काकांनी कुठल्यातरी घमघमीत वासाचं अत्तर अंगाला चोपडलं होतं! त्या भयानक वासानंच मी घुसमटले होते ना!!

मग काऽऽय..? अशा वेळी व्हायचं तेच झालं!

मला एकदम सू सू... झाली.

काकांचा शर्ट ओला झाल्यावर त्यांनी मला अलगद खाली कॉटवर ठेवलं. आणि माझी त्या 'अत्तर वासू' काकांपासून सुटका झाली.

शर्ट ओला झाल्यावर वेगळाच वास पसरला! आईनं चमकून माझ्याकडे आणि काकांकडे पाहिलं. मी तोंड वाकडं करताच, आई काय ते समजली!

'लहान मुलांना भेटायला जाताना,

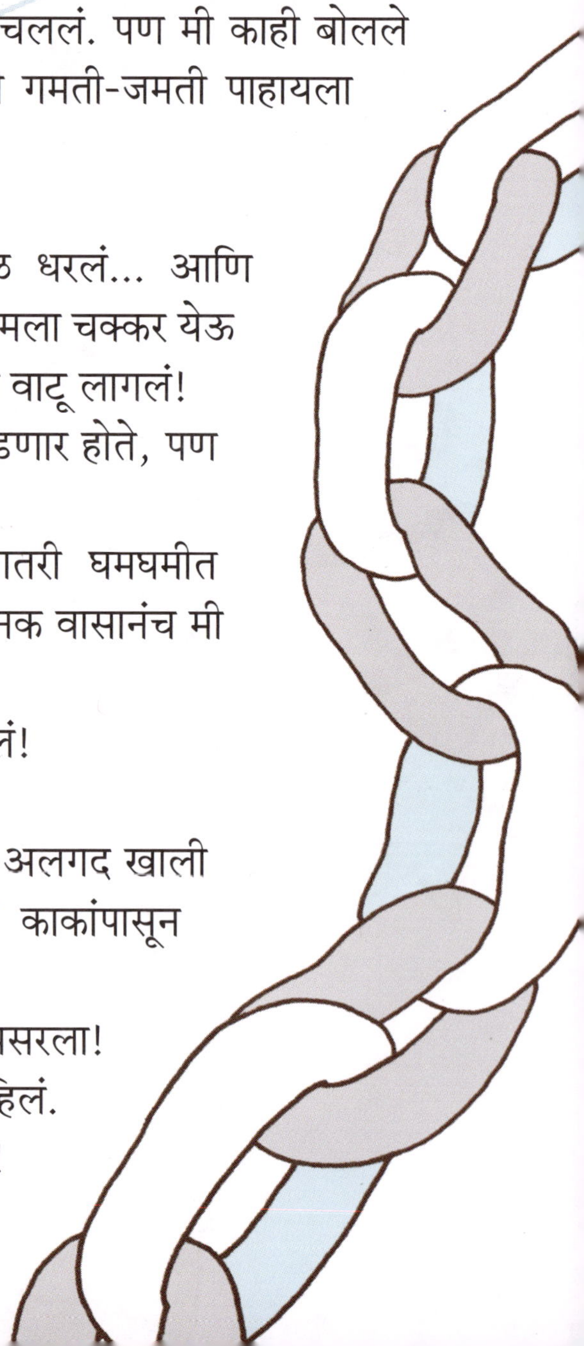

अंगाला उग्र वासाची अत्तरं चोपडू नयेत, त्या वासानं मुलं घुसमटतात किंवा घाबरून सू-सू करतात' हे सुद्धा आम्ही म्हणजे, 'दुपट्यातल्या मुलांनी, पँटीतल्या माणसांना शिकवायचं वाटतं?'

मी मनातल्या मनात म्हटलं, 'एवढं पण समजत नसेल तर कशाला घालता त्या पँटी? त्यापेक्षा आमच्यासारखी मस्त दुपटी गुंडाळा! काऽऽय?'

मी मनात काही बोलले की ते लगेच आईला समजतंच!

आई माझ्याकडे पाहून जोरजोरात हसू लागली. बहुधा तिला 'दुपट्यात गुंडाळलेले काका' दिसू लागले असतील.

काकांपासून सुटका झाल्यानं मी जरा आळोखेपिळोखे दिले. लाथा-बिथा झाडून

दुपटं सैल केलं. त्यामुळे आईचं लक्ष गेलं. आई आता मला जवळ घेणार...

इतक्यात एक मोठी फौज आरडाओरडा करत आमच्याच

दिशेनं आली. दोन मावश्या आणि दोन मावशे (मावशे म्हणजे मावशीचे मिस्टर.)

मी मनात म्हटलं, 'चला आता झोपू या.' मी हाताच्या मुठी वळल्या. डोळे बंद करू लागले.

पण कसचं काय नी कसचं काय?

त्या फौजेनं माझ्यावरच हल्ला केला!

जाडी मावशी म्हणाली, "काऽऽऽय ग लब्बाडे, डोळे बंद करून झोपत्येस

वाटतं?''

मी मनातल्या मनात म्हटलं, 'अगं मावशे, डोळे उघडे ठेवून कुणीतरी झोपतं का गं? का मला असे खुळचटासारखे प्रश्न विचारतेस?'

दुसरी मावशी म्हणाली, ''ओऽऽहोऽऽऽ, हिनं नाक अगदी बाबांचं घेतलंय आणि जिवणी मात्र आईसारखी! हो किनई गं बब्बड?''

मी वैतागून मनातल्या मनात म्हटलं, 'अगं माझ्या मम्मड मावशे, अजून मी मला आरशात नीट पाहिलंच नाही, तर काय गं सांगू तुला?'

इतक्यात, ''नाही! नाही! मी सांगतो, नाक इकडचं आहे आणि जिवणी तिकडची! काऽऽय?'' असा एक जाडजूड आवाज माझ्या कानावर येऊन आदळला.

हे कोण बोललं? हे पाहण्यासाठी मी सावकाश डोळे उघडले तर, मला धक्काच बसला! क्षणभर गडबडच झाली!

कारण, मला नीट निरखून पाहणारे श्री. मावशे ह्यांचा एक डोळा 'इकडे' आणि दुसरा डोळा 'तिकडे' होता!!

हे 'इकडे-तिकडे' पाहून मी पुन्हा डोळे बंद केले.

त्याबरोबर दुसरे मावशे म्हणाले, ''हंऽऽ, घरची आठवण येतेय वाटतं? मला माहित्यै!''

माझे हात-पाय बांधले होते म्हणून, नाहीतर मी कपाळावरच हात मारणार होते! अहो जन्मल्यापासून मी आहे हॉस्पिटलमधे. मी अजून घरच बघितलं नाही! तर मला घराची आठवण तरी कशी येणार?

कळलं ना?

मोठ्या माणसांना समजत नाहीत त्या 'ह्या' गोष्टी.

पण होतं काय...
आम्ही बोललेलं तुम्हाला अजिबात समजत नाही!
आणि,
तुम्ही बोललेलं मात्र, आम्हाला सगळं समजतं!
पुन्हा आम्ही काही करावं तर, कपड्यात जाम बांधून टाकता तुम्ही आम्हाला!
त्यामुळे होतं काय...
'कपड्यात बांधून, शब्दांचा मार खावा लागतो आम्हाला!'
पण लक्षात ठेवा, ह्या सर्व गोष्टींना,
माझी आई आहे बरं साक्षीला!